Anuja Pundlik
Snehal Dongardive

Medição da taxa de infiltração em diferentes tipos de solo

Anuja Pundlik
Snehal Dongardive

Medição da taxa de infiltração em diferentes tipos de solo

ScienciaScripts

Imprint
Any brand names and product names mentioned in this book are subject to trademark, brand or patent protection and are trademarks or registered trademarks of their respective holders. The use of brand names, product names, common names, trade names, product descriptions etc. even without a particular marking in this work is in no way to be construed to mean that such names may be regarded as unrestricted in respect of trademark and brand protection legislation and could thus be used by anyone.

Cover image: www.ingimage.com

This book is a translation from the original published under ISBN 978-3-330-35283-4.

Publisher:
Sciencia Scripts
is a trademark of
Dodo Books Indian Ocean Ltd. and OmniScriptum S.R.L publishing group

120 High Road, East Finchley, London, N2 9ED, United Kingdom
Str. Armeneasca 28/1, office 1, Chisinau MD-2012, Republic of Moldova, Europe
Printed at: see last page
ISBN: 978-620-7-68699-5

RECONHECIMENTO

Com toda a humildade e respeito, temos o prazer de apresentar o nosso relatório de projeto

sobre

"Medição da taxa de infiltração em diferentes tipos de solo no C.A.E.T. Campus

Jalgaon (Jamod)"

O sucesso não é possível sozinho, sem o envolvimento de qualquer mente e mãos para o embelezar. As "emoções" não podem ser expressas adequadamente em palavras porque as emoções são transformadas em meras formalidades. No entanto, as formalidades têm de ser cumpridas. O nosso reconhecimento é muito mais do que aquilo que estamos a expressar aqui.

No nosso país, consideramos os professores como Gurus, Acharyas. Acharya é aquele que tem um Achar ou uma conduta exemplar. Deve inspirar amor aos alunos que lhe são confiados em virtude da sua boa conduta. Estes são os pré-requisitos de um professor ideal.

Reconhecemos com gratidão a nossa dívida para com o **Sr. PAVITRAKAR SIR**, Diretor da Faculdade de Engenharia e Tecnologia Agrícola, Jalgaon (Ja.), por nos ter proporcionado as instalações necessárias durante a presente investigação. Estamos também especialmente gratos ao nosso responsável pelo projeto, o Sr. **R.H. DHAIT**, Professor Assistente do Departamento de Engenharia de Irrigação e Drenagem, por nos ter ajudado a alcançar o que pretendíamos.

Estamos muito gratos ao **Er. D. V. Tathod**, Professor Assistente do Departamento de Maquinaria e Energia Agrícolas, e ao Sr. **R.N. KHOD, Professor Assistente do Departamento de Engenharia de Processos Agrícolas, Faculdade de Engenharia e Tecnologia Agrícolas, Jalgaon (Ja), pelos seus conselhos atempados, pela sua**

experiência e pelo seu trabalho. R.N. KHOD Asst. Prof, do Dept. of Agricultural Process Engineering, College of Agricultural Engineering and Technology, Jalgaon (Ja) pelos seus conselhos oportunos, cooperação e valiosas sugestões e críticas construtivas ao longo do curso destes trabalhos de investigação.

Agradecemos profundamente e de forma especial aos nossos amigos do último ano, especialmente do albergue Pride, e a todos os nossos queridos amigos cuja amizade foi a força inspiradora para a realização deste projeto com sucesso.

Pensamos que as palavras não são suficientes para exprimir o sentimento do nosso coração de reconhecimento aos nossos pais pelo trabalho árduo que tiveram para nos educar e por nos terem dado as costas ao sol, sem o qual este trabalho não poderia ter visto a luz do dia.

Embora o espaço não permita uma listagem completa de todos os que foram ajudados de forma significativa, o autor agradece, por último, mas não menos importante, a todos os que estão direta ou indiretamente ligados a este trabalho por terem prestado a ajuda oportuna.

Local Jalgaon (Ja.)
Data :

ÍNDICE

ABREVIATURAS

%	-	Percentage
a	-	Constant
Agril.	-	Agricultural
b	-	Constant
Cc	-	Cubic Centimeter
cm	-	Centimeter
D	-	Diameter of Infitrometer
e	-	Base of Natural logarithm
Engg.	-	Engineering
H	-	Head of Ponding, (L)
f	-	Infiltration Rate, (LT^{-1})
F	-	Cumulative Infiltration rate, (L)
F_{est}	-	Estimated cumulative infiltration
F_{meas}	-	Measured Cumulative Infiltration
F_{est}	-	Estimated Infiltration Rate
F_1	-	Net change in total soil moisture above the moving wetting front
f_{means}	-	Measured Infiltration Rate, (LT^{-1})
Fig	-	Figure
Is	-	Steady state Infiltration rate, (LT^{-1})
Ltd.	-	Limited
min	-	Minute
Pvt.	-	Private
Prof.	-	Professor
R	-	Radius of the ring, (L)
S_o	-	Initial Storage space available
Sec	-	Second
t	-	Time of Infiltration,(T)
W_1	-	Weight of moist soil sample,(M)
W_2	-	Weight of oven dry Soil Sample,(M)
W_w	-	Net increment of a soil moisture content by weight in the soil profile after infiltration.
Z	-	Depth of saturation zone, (L)
α	-	Constant
ρ	-	Bulk density of soil, (ML^{-3})

CAPÍTULO 1
INTRODUÇÃO

A Índia possui recursos hídricos abundantes e naturalmente disponíveis. A infiltração é um dos componentes mais importantes da irrigação. É difícil projetar um sistema de irrigação sem um conhecimento adequado das características de infiltração do solo, porque a água é um recurso fundamental e tem de ser utilizada com muito cuidado. O movimento da água da superfície do solo para o interior do solo é designado por infiltração. A infiltração da água é a força motriz que influencia o crescimento das culturas, a erosão do solo e o processo de lixiviação química. As características de infiltração do solo são uma das variáveis mais importantes ou dominantes que influenciam a irrigação. A taxa de infiltração é uma caraterística do solo que determina a taxa máxima a que a água pode entrar no solo em condições específicas, incluindo a presença de excesso de água.

A água é conduzida para o interior do solo poroso pela força da gravidade e da ação capilar. Primeiro, a água molha os grãos do solo e depois a água extra desloca-se para baixo devido à força gravitacional resultante. A taxa de infiltração depende das características do solo, como a textura, a condutividade hidráulica, a estrutura do solo, o coberto vegetal, etc. A infiltração desempenha um papel importante na geração do volume de escoamento superficial, se a taxa de infiltração de um determinado solo for inferior à intensidade da precipitação, isso resulta na acumulação de água na superfície do solo ou no escoamento superficial. As diferentes condições do solo afectam a taxa de infiltração do solo.

Existem duas abordagens gerais para determinar a capacidade da taxa de infiltração do solo. Em primeiro lugar, a análise do hidrograma de escoamento da precipitação natural em parcelas e bacias hidrográficas. Em segundo lugar, a utilização de um infiltrómetro com aplicação artificial de água em áreas de amostragem fechadas, relativamente à análise do hidrograma (Baxla *et. al.*, 2010).

A infiltração acumulada é a quantidade total de água que entra no solo num determinado período de tempo. A infiltração é um assunto importante para o agricultor, porque afecta muitas características da hidrologia. Influencia o escoamento superficial e a humidade no solo. Os principais factores que afectam a infiltração de água no solo são o teor de humidade inicial da superfície do solo, a condutividade hidráulica do perfil do solo, a textura, a porosidade, a matéria orgânica, a cobertura vegetal, a duração da irrigação ou da precipitação e a viscosidade da água.

O país está a investir uma grande quantidade de dinheiro em projectos de irrigação maiores, menores e médios. A gestão adequada da irrigação aumenta a infiltração e reduz o escoamento, o que acaba por diminuir a erosão do solo. A infiltração é importante na irrigação porque sem o conhecimento da infiltração, o projeto do sistema de irrigação não será comprovadamente eficiente e, portanto, a água deve ser conservada no solo e disponibilizada às plantas.

A medida da taxa de infiltração da água no solo é um aspeto importante no que diz respeito à eficiência da irrigação e da drenagem e à otimização da disponibilidade da água para as plantas, melhorando a produção das culturas e minimizando a erosão.

Devido a uma gestão incorrecta da água, ocorrem perdas por erosão e escoamento superficial, que reduzem a fertilidade do solo. Conhecendo as características de infiltração e a capacidade de absorção do solo, é possível evitar perdas por percolação profunda e utilizar corretamente a água. Tendo em conta a importância das características de infiltração, foi efectuado o estudo da taxa de infiltração. Neste estudo, serão seleccionados, de entre os métodos mais populares, os métodos mais adequados para a determinação da taxa de infiltração em diferentes terrenos.

Muitas equações analíticas simples foram propostas para determinar a taxa de infiltração para análise de hidrogramas. Algumas das equações mais conhecidas são as seguintes

- Equação de Kostiakov.
- Equação de Kostiakov modificada
- Equação de Davis

A avaliação da equação de Davis foi efectuada em diferentes condições de terreno.

- Terras cultivadas.
- Terreno de pomar.

- Terra barrada.
- Terreno arenoso.

O presente estudo foi realizado com objectivos específicos

- Medir a taxa de infiltração através de um infiltrómetro de anel duplo em diferentes condições de terreno.
- Determinar as diferentes propriedades do solo.

CAPÍTULO 2

REVISÃO DA LITERATURA

A revisão relevante para o presente estudo foi amplamente dividida nos seguintes componentes

- Capacidade de campo.
- Fator que afecta a infiltração.
- Densidade aparente.
- Teor de humidade.

2.1 CAPACIDADE DE CAMPO

1 .A.Johnson;(1963) Estudou que a taxa de infiltração tem aplicações, tais como a eliminação de resíduos líquidos, avaliação de potenciais campos de eliminação de fossas sépticas, eficiência de lixiviação e drenagem, necessidade de irrigação.

Ward & Robinson;(1990) avaliaram que o infiltrómetro de duplo anel é adequado para quase todos os tipos de solo, com exceção dos solos obstruídos, dos solos pedregosos ou dos solos com declive acentuado. Explicou que os factores que afectam a capacidade de infiltração na superfície do solo são a compactação do solo causada por sulcos e pisoteio, a lavagem de partículas finas para os poros da superfície, fissuras e fendas.

Hsin -Yu Shan;(1991)explicou que podem ser utilizados 4 tipos de configuração no infiltrómetro de anel, ou seja, infiltrómetro de anel simples ou duplo aberto e infiltrómetro de anel simples ou duplo selado

Scott Andres, Edward Walther , Muserref Turkmen;(2010) Fez uma experiência de sistema de válvulas mecânicas num pequeno edifício no meio da matriz de 8 bacias de infiltração.

Tarek Selim (2011) investigou o efeito do uso do solo em solo argiloso pesado na taxa de infiltração do solo utilizando um infiltrómetro de anel duplo. Com base nos resultados, parece que a taxa de infiltração inicial dependia principalmente do teor de água no solo argiloso pesado e, além disso, era afetada pela quantidade de fissuras causadas pela raiz da planta e pelo movimento da terra.

Michael (1978) indicou que quando os dados cumulativos de infiltração são traçados numa escala logarítmica com o tempo, obtém-se uma relação linear. No entanto, alguns dados da fase inicial da experiência caem geralmente ao longo de uma linha ligeiramente curva. Esta caraterística da curva traçada não é bem descrita pela equação dada por Kostiakov. Por conseguinte, a equação de Michael Kostiakov introduziu a constante "a" para retificar o ligeiro desvio da relação linear log-log. A relação expressa na equação $F= Kt^n + a$.

Roy *et al.* (1982) explicaram que o fluxo de qualquer infiltrómetro será inicialmente essencialmente unidimensional, mas com o aumento do tempo aproximar-se-á de um sistema de fluxo tridimensional à medida que a fonte de humedecimento se torna cada vez mais semelhante a um ponto. A taxa de infiltração para um fluxo unidimensional, bidimensional e tridimensional varia com ^ , 1 e 3/2 potências de tempo. Confirmou ainda que a taxa de infiltração real durante um teste de infiltração prolongado não se torna assintótica no eixo do tempo nem atinge um valor constante.

Smith (1990) analisou o processo de infiltração através de um perfil de solo de duas camadas e verificou que o comportamento do sistema de camadas apresenta a mesma resposta unificadora da curva de infiltrabilidade à condição de fronteira de fluxo que um perfil homogéneo.

Tabuada e Rego (1995) desenvolveram um modelo de movimento de água no solo durante a rega por sulcos utilizando as equações de Richard na sua forma bidimensional. Este modelo foi desenvolvido e testado para dois tipos de solo e sulcos curtos e fechados. Fornece informação sobre a posição do solo ao longo do tempo, permitindo assim quantificar a água armazenada na zona radicular e calcular as perdas por percolação durante um determinado tempo, dentro de uma determinada profundidade do solo. Neste modelo, é utilizado um método implícito e o conjunto de equações resultante é resolvido com o método de Gauss-Seidel. O modelo considera as condições iniciais do solo antes da rega e as condições de fronteira definidas pelo nível de água no sulco. Além disso, o modelo pode ser utilizado para simular a infiltração nas diferentes estações, fornecendo assim melhor informação sobre a uniformidade e eficiência da rega.

John e Thomas (2003) efectuaram uma avaliação da taxa de infiltração (variabilidade espacial e temporal) de alguns solos extensivos da Irlanda no Castle Research Centre, Wexford. Os objectivos das investigações eram avaliar a capacidade de infiltração do componente dominante das principais associações de solos e avaliar a fiabilidade dos testes de infiltração. A capacidade de infiltração foi medida utilizando um infiltrómetro de anel duplo num local com drenagem deficiente, num local com drenagem imperfeita e em oito locais com drenagem livre, tanto no inverno como no verão. O estudo indicou uma relação significativa entre a capacidade de infiltração e o teor de água do solo anterior, o que contribuiu para o efeito sazonal.

Jean-Claude e Mailhol (2003) efectuaram um estudo para validar uma forma de previsão da infiltração de Horton para simular a rega por sulcos. Foi proposta uma abordagem de modelação operacional para prever o processo de avanço da infiltração sob irrigação por sulcos ao longo do período de irrigação. A aplicabilidade do modelo foi depois alargada a solos argilosos pesados, onde os parâmetros лc (comprimento capilar) e Ks (condutividade hidráulica) concordaram com os valores propostos no estudo.

Sharma D.C., Dubey O. P., e Chhabra S. S., [9]. (2004), trabalharam na determinação da taxa de infiltração na área de comando da barragem de Chitaurgarh (U.P.). Neste estudo, os autores utilizaram o método do traçador radioativo e o método do infiltrómetro de anel duplo para determinar a taxa média de infiltração. Para aplicar a técnica, foi injectada água tritiada no solo a uma certa profundidade entre as zonas radiculares. O traçador, em resultado da precipitação ou irrigação subsequentes, desloca-se para baixo. O estudo concluiu que os resultados da técnica do traçador radioativo são comparáveis aos do infiltrómetro de duplo anel e, por conseguinte, podem também ser utilizados para a determinação da taxa de infiltração.

Mohan e Kumari (2005) apresentaram um estudo experimental sobre a estimativa da recarga utilizando modelos de infiltração. Foram testados diferentes modelos de infiltração em 50 locais de uma bacia com base no tipo de solo e nas variações de utilização do solo em Neyveli. Os modelos de infiltração, nomeadamente o modelo de Green Ampt, o modelo de Kostiakov modificado e o modelo de Horton, foram considerados estatisticamente adequados aos dados de campo observados. Os resultados foram comparados com os do modelo SWAT (Soil and Water Assessment Tool) desenvolvido pelo USDA, serviço de investigação agrícola (ARS). O estudo concluiu que o modelo de Horton é o modelo de infiltração mais adequado para estimar a recarga na região de Neyveli.

Nestor (2006), efectuou uma investigação para modelar o processo de infiltração com uma rede neural artificial perceptron multicamada nos Países Baixos. Neste estudo, a RNA perceptron multicamadas foi utilizada para modelar o processo de infiltração. Os dados provenientes de experiências de simulação à escala do terreno foram utilizados para efeitos de análise. As redes foram treinadas utilizando dados fisicamente mensuráveis de experiências com simuladores de precipitação. O simulador produziu gotas de chuva de tamanho médio de 3,7 mm. A uma altura de 1,5 m acima do solo. O simulador produziu uma velocidade média de 7,8 m/s. Foram escolhidas parcelas de teste de um metro quadrado. Foi escavada uma vala vertical na extremidade a jusante da parcela de ensaio e foi colocada uma calha para captar a água de escoamento. As experiências duraram normalmente entre uma e três horas e o escoamento foi registado a cada minuto. No total, foram efectuadas 80 experiências. Os dados foram divididos em dois conjuntos: 56 amostras foram utilizadas para o treino da RNA e 24 para o teste.

Jagdaleet.*al.*, (2012) O método do infiltrómetro de anel duplo foi utilizado para a medição da taxa de infiltração. O estudo teve como objetivo determinar as taxas de infiltração constantes destes solos em diferentes condições e compará-las com as taxas de infiltração obtidas pelos modelos de infiltração de Kostiakov, Kostiakov modificado, Horton e Green-Ampt. Os valores de várias constantes dos modelos foram calculados pelo método das médias sugerido por Davis (1943) e por abordagem gráfica. Para obter o modelo mais adequado para um determinado solo e condição do solo, os resultados obtidos a partir de vários modelos de infiltração foram comparados com dados de campo observados e foram elaborados gráficos. Os parâmetros considerados para o melhor ajuste do modelo foram o coeficiente de correlação e o erro padrão. Os resultados mostraram que o modelo de Horton e o modelo de Green-Ampt foram os que melhor se ajustaram aos dados de campo observados para estimar as taxas de infiltração num dado momento com um elevado grau de coeficiente de correlação e um grau mínimo de erro padrão.

2.2 Factores que afectam a taxa de infiltração

2.2.1. Efeito do diâmetro

Marshall e Strick (1950) observaram experimentalmente o efeito do diâmetro do anel infiltrométrico na medição da infiltração. Verificaram que a infiltração diminuía assintoticamente à medida que o diâmetro do anel aumentava e que a taxa de infiltração no anel simples era menor do que no anel duplo, devido à presença de um tanque-tampão.

Bower *et al.* (1951) estudaram que a taxa de infiltração no anel interior era menor do que no anel exterior.

Aronovici (1955) testou a influência do diâmetro do anel na taxa de infiltração observada utilizando vários infiltrómetros de diâmetro 1,4 a 30 cm/hora com cada 2,5 cm de aumento no diâmetro até 10 cm de diâmetro. A influência do diâmetro do anel torna-se então menor, com uma diminuição de apenas 0,05 cm/hora por cada 2,5 cm de aumento do diâmetro para além dos 10 cm.

Young (1987) observou que em anéis de tamanho pequeno, a infiltração cumulativa era mais elevada do que em anéis de tamanho grande. Foram obtidos resultados mais consistentes no local quando o tamanho do anel era de pelo menos 15 cm. O anel de tamanho grande representou a área em causa de forma mais adequada.

Vemuri (1992) observou que a infiltração cumulativa diminuía com o aumento do diâmetro do infiltrómetro no caso de um infiltrómetro de anel simples com 7 cm de penetração.

2.3 Densidade a granel.

Lewise e Powers (1938) compararam uma cabeça de 2,5 cm com 7,5 cm na taxa de infiltração e encontraram uma pequena diferença nos dois casos.

Schiff (1953) testou o efeito da altura superficial na taxa de infiltração em Herperia sandy loam. Ele descobriu que um aumento suficiente na taxa de infiltração pode ser obtido aumentando a altura da superfície acima da altura normalmente usada. As taxas de infiltração aumentaram diretamente em proporção com a altura de retenção no infiltrómetro.

Vemuri (1992) observou que a infiltração cumulativa aumenta com o aumento da altura do tanque.

O estudo de Nielsen et al. (1973), muitos investigadores relataram a variabilidade espacial à escala do terreno

nas propriedades de transporte e retenção de água (por exemplo, Carvallo et al., 1976; Russo e Bresler, 1981; Gajem

et al., 1981; Byers e Stephens, 1983; Jones e Wagenet, 1984; Greenholtz et al., 1988; Burden e

Selim, 1989; Unlu et al., 1989; Wierenga et al., 1989, 1991; Russo e Bouton, 1992).

Resultados de

A maioria dos estudos anteriores foi resumida em Jury (1985) e Smith et al. (1987). Os

A variabilidade de uma propriedade do solo na maioria dos estudos anteriores foi expressa em termos do coeficiente de

(CV) e, nalguns casos, pela sua escala de correlação espacial. O intervalo observado na CV para

Algumas destas propriedades são: densidade aparente, 2-17%; porosidade, 4-18%; distribuição do tamanho das partículas, 3-55%;

1/3 bar de teor de água, 18-82%; 15 bar de teor de água, 18-87%; condutividade hidráulica saturada, 48

320%; e taxa de infiltração, 40-97%. Em geral, os parâmetros de taxa, como a condutividade hidráulica, são

mais variáveis do que os parâmetros de capacidade, como o teor de água a 1/3 bar. Variações na dimensão das partículas,

a densidade aparente e outras propriedades estáticas do solo foram melhor descritas pela distribuição normal (gaussiana)

enquanto que as propriedades de transporte foram geralmente distribuídas de forma log-normal.

2.2.3 Efeito do teor de humidade inicial

Lewis e Power (1938) e Tisdal (1951) observaram o efeito da humidade inicial na infiltração e descobriram que quanto menor a humidade inicial do solo, maior a taxa de infiltração. A humidade inicial do solo desempenha um papel importante na determinação da taxa de infiltração na hora inicial de infiltração.

Aronovici (1995) verificou que as velocidades de infiltração são materialmente afectadas por alterações na humidade devido ao seu efeito no gradiente hidráulico.

Philip (1955) observou o efeito do teor de humidade na sorptividade, que é um componente primário da equação dada por Philip (1957). Com o aumento do teor de humidade inicial, a sorptividade S diminui. Após um longo período de tempo, o efeito da infiltração do teor de humidade inicial torna-se insignificante.

Hank e Brower (1962) observaram que uma pequena alteração no valor da difusividade a um teor de humidade elevado tem como efeito uma alteração notável nas taxas de infiltração calculadas.

Ahuja (1976) observou que o fluxo lateral durante a medição da infiltração por infiltração é maior no caso do solo seco. No caso do solo franco-argiloso siltoso em estudo, o fluxo lateral não foi apreciável em condições húmidas ou molhadas.

Outro estudo de trincheiras foi efectuado por Russo e Bouton (1992) em Bet Dagan, Israel, para caraterizar

a variabilidade espacial de *Ks* e os parâmetros de retenção de água no solo medidos diretamente. As estimativas do solo

parâmetros das equações de Gardner-Russo (Gardner, 1958; Russo, 1988) e van Genuchten do

foram obtidas funções de condutividade hidráulica e de retenção de água para 417 amostras de solo não perturbadas

de uma parede de uma trincheira (20 m de comprimento, 2,5 m de profundidade) utilizando um procedimento baseado no problema inverso

(Russo et al., 1991). Russo e Bouton (1992) verificaram que *Ks* e o parâmetro "forma"

d da equação de Gardner-Russo, bem como um dos parâmetros de "forma" de van Genuchten, a, variou

consideravelmente no espaço e seguiram distribuições aproximadamente lognormais. Por outro lado, van

Genuchten *n* e qs eram menos variáveis e seguiam distribuições aproximadamente normais. Entre 10

e 20% da variabilidade espacial total nos diferentes parâmetros apareceram como uma variância de pepita. Em

no caso do log *Ks* e qs, foi identificado um desvio determinístico na direção horizontal, sugerindo que

25% da variabilidade total destes parâmetros do solo pode resultar de variações de baixa frequência.

CAPÍTULO 3

MATERIAL E MÉTODOS

O presente estudo discutiu a taxa de infiltração, a infiltração acumulada e também determinou as propriedades do solo.

3.1 Materiais

Infiltrómetro de anel duplo, balde, forno, balança eléctrica, balança, cronómetro, martelo de madeira, parafuso sem-fim, etc.

3.2 Descrição da área do projeto

3.2.1 Sítio experimental

O local para a realização da experiência foi selecionado em KrishiVigyan Kendra, Jalgaon (Ja), perto da Faculdade de Engenharia e Tecnologia Agrícola, Jalgoan (Ja). Que é afiliado ao Dr. Panjabrao Deshmukh Krishi Vidyapeeth, Akola (M.S).

Foram seleccionadas quatro condições de terreno para estudo, a saber

1) Terras cultivadas
2) Baredland
3) Solo arenoso
4) Terrenos de pomar

3.2.2 Localização

O estudo foi efectuado em Jalgaon (Ja), distrito de Buldana, que se situa na região de Vidarbha, em Maharashtra. O distrito de Buldana está situado entre a latitude 21^0 3.1164 N-S e a longitude 76^0 32.0784 E-W e a altitude 309 m acima do nível do mar.

3.2.3 Clima

O clima desta zona é geralmente subtropical quente e seco. A estação do verão é extremamente seca e quente, enquanto a estação do inverno é demasiado fria. A temperatura média mínima e máxima varia entre 7^0 c e 17^0 c e 40^0 cand 46^0 c, respetivamente. maio é o mês mais seco e janeiro o mais frio. A estação das chuvas começa com cerca de 750 mm.

3.3 Configuração experimental

A experiência foi efectuada na exploração agrícola de Krishi Vigyan Kendra, Jalgaon (Ja), perto do Colégio de Engenharia e Tecnologia Agrícola, Jalgoan (Ja), distrito de Buldana. A configuração experimental é apresentada na figura.

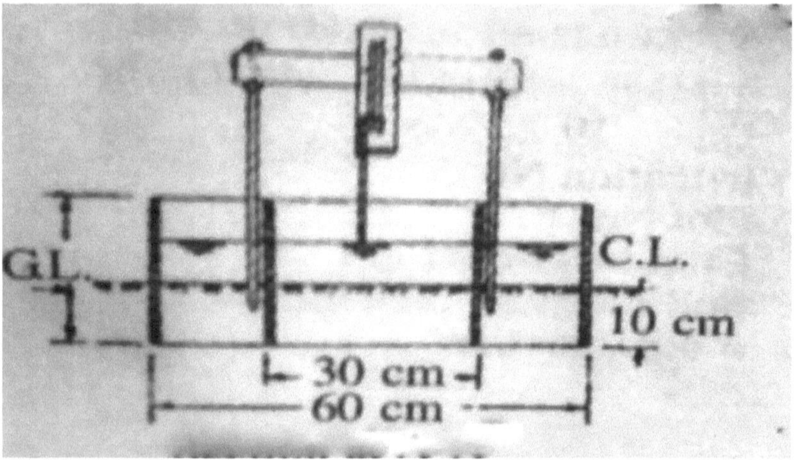

Fig - 3.1 Instalação experimental

O infiltrómetro de anel duplo foi utilizado para medir a infiltração devido à sua fiabilidade e precisão. A configuração completa consiste em dois cilindros, o cilindro exterior com 60 cm de diâmetro e 25 cm de altura e o cilindro interior com 30 cm de diâmetro. Um manómetro de gancho para medir o nível da água, um cronómetro e um recipiente de água. De entre os dois cilindros, um foi utilizado para formar um tanque-tampão, a fim de evitar o movimento lateral da água.

Os cilindros foram instalados a 10 cm de profundidade no solo, tendo-se tido o cuidado de manter a mesma profundidade de instrução em todas as experiências. Os cilindros foram instalados no campo com uma placa de aço macio e um martelo. O martelo foi aplicado suavemente para evitar que o solo se distribuísse do seu estado natural. A profundidade da água em todas as experiências foi mantida igual (Michael 1978).

O nível da água no cilindro foi registado com a ajuda de um manómetro e de um cronómetro. O manómetro foi utilizado para registar o nível da água na garrafa. O nível de água no cilindro foi trazido para o nível inicial frequentemente num intervalo regular de uma hora. As observações continuaram até a taxa de infiltração atingir a taxa de infiltração básica e as outras duas terras foram mostradas na placa 3.1, 3.2, 3.3 e 3.4, respetivamente. Os testes foram efectuados em terrenos cultivados e descascados.

Placa 3.1 - Medição da infiltração com um Infiltrómetro de duplo anel Em terras cultivadas

Placa 3.2 - Medição da Infiltração com um Infiltrómetro de duplo anel em solo arenoso.

Placa 3.3 - Medição da Infiltração com um Infiltrómetro de duplo anel em solo barrado.

Placa 3.4 - Medição da Infiltração com um Infiltrómetro de duplo anel em **solo de Pomar.**

3.1 Determinação da infiltração prevista

O cálculo teórico da taxa de infiltração foi calculado para terrenos cultivados, terrenos descascados, terrenos arenosos e terrenos de pomar através da seguinte fórmula:

a) Terras cultivadas

$$Y = 0.3080\,(t)^{0.652} + 0.721 \qquad \ldots\ldots \quad (3.1)$$

Onde,

Y = Taxa de infiltração prevista

t = Tempo em minutos

b) Terrenos barrados

$$Y = 0.62(t)^{0.380} + 0.50 \qquad \ldots\ldots \quad (3.2)$$

Onde,

Y = Taxa de infiltração prevista

t = Tempo em minutos

C) Terreno arenoso

$Y = 45.3090\,(t)^{0.407}+70.939$ ...... (3.3)

Onde,

Y = Taxa de infiltração prevista

t = Tempo em minutos

D) Terra de Orchad

$Y = 0.4852\,(t)^{0.6998}+0.667$ ...... (3.4)

Onde,

Y = Taxa de infiltração prevista t = Tempo em minutos

3.2 Determinação do teor de humidade do solo

Fórmula

$$\frac{(M_2 - M_3)}{(M_2 - M_1)} \times 100$$

Onde,

1) Massa do recipiente (M_i) gm
2) Massa do recipiente e do solo húmido (M_2) gm
3) Massa do recipiente e do solo seco (M_3) gm
4) Massa de terra seca ($M_3 - M_i$) gm
5) Massa de água ($M_2 - M_3$) gm

Foi utilizado um parafuso sem-fim para recolher as amostras para medição do teor de humidade. As amostras de solo foram colhidas sempre a 20 cm de profundidade em todas as observações. O trado de solo foi introduzido no solo até à profundidade de 20 cm e as amostras foram recolhidas numa caixa de humidade cujo peso já era conhecido. Agora, as amostras, juntamente com a caixa de humidade, foram pesadas numa balança e mantidas num forno elétrico a 105^0 C durante 24 horas. As amostras secas foram novamente pesadas e foi calculado o teor de humidade com base no peso seco (Punmia 2004). O cálculo da amostra é apresentado no Apêndice A. A placa 3.2, 1, 2, 3 mostra a amostragem do solo por trado de parafuso.

3.3 Determinação da densidade aparente do solo

A densidade aparente do solo foi determinada por um cortador de núcleo. O cortador de núcleo foi utilizado para recolher amostras de solo não perturbadas. O cilindro de recolha de amostras com aresta cortante foi introduzido no solo e obteve-se um núcleo não compactado dentro do tubo. As amostras foram cuidadosamente cortadas em ambas as extremidades dos cilindros. Foram secas numa estufa a 105^0 C durante 24 horas, até que toda a humidade fosse libertada, e a amostra foi novamente pesada. O volume do cilindro do núcleo de solo foi medido, (Punmia 2004). O cálculo da amostra é apresentado no Apêndice B. A placa 3.3 mostra a determinação da densidade aparente do solo.

Densidade a granel calculada pela seguinte fórmula:

$$\text{Bulk density} = \frac{\text{Mass of dry soil}}{\text{Volume of core cutter}} \quad \text{.... (3.4)}$$

Onde,

M = massa de solo seco (gm)

V = volume do cortador de núcleo (cc)

3.4 Determinação da capacidade de campo do solo

Fórmula

$$\text{Field capacity} = \frac{M_2 - M_3 X\ 100}{M_2 - M_1} \quad \text{.....(3.5)}$$

Onde,

Ml = Massa do cadinho

M2 = Massa do cadinho e do solo húmido

M3 = Massa do cadinho e do solo seco

Placa 3.2 - Amostragem do solo com broca helicoidal Placa 3.3- Determinação da densidade aparente

CAPÍTULO 4

RESULTADOS E DISCUSSÃO

O estudo foi efectuado para testar a infiltração em quatro tipos de solo, ou seja, terra cultivada, terra descascada, terra arenosa e terra de pomar. Em cada cobertura de solo, a taxa de infiltração e a infiltração acumulada foram medidas por um infiltrómetro de anel duplo.

4.1 Infiltração sob terras cultivadas.

A taxa quase constante que se desenvolve após algum tempo decorrido desde o início da experiência é designada por taxa de infiltração básica. Foi medida a profundidade de infiltração no intervalo de tempo selecionado. A taxa de infiltração foi calculada utilizando a profundidade de infiltração efectiva e o período de tempo. A taxa de infiltração média e acumulada é apresentada na Tabela 4.1.

Quadro 4.1- Observação medida em terras cultivadas.

Sr.No	Time. (min)	Infiltration depth (cm)	Average rate infiltration Cm/hr	Accumulated infiltration. in (cm)	Predicted infiltration.
1	0	0	19	0	0.721
2	1	0.2	18.8	0.2	1.02
3	2	0.1	18.7	0.3	1.20
4	3	0.1	18.6	0.4	1.35
5	4	0.1	18.5	0.5	1.48
6	5	0	18.5	0.5	1.60
7	10	0.4	17.1	0.9	2.10
8	15	0.2	17.9	1.1	2.52
9	20	0.2	17.7	1.3	2.89
10	25	0.2	17.5	1.5	3.23
11	30	0.2	17.3	1.7	3.55
12	45	0.2	16.7	1.9	4.40
13	60	0.6	16.2	2.5	5.16
14	75	0.4	15.8	2.9	5.86
15	90	0.4	15.4	3.3	6.51
16	105	0.5	14.9	3.8	7.12
17	135	0.9	14.0	4.7	8.26
18	165	0.7	13.3	5.4	9.31
19	195	1.0	12.3	6.4	10.30
20	225	1.8	11.2	7.5	11.24
21	255	0.9	10.3	8.4	12.13

22	315	1	9.3	9.4	13.82
23	375	1.7	7.6	11.1	15.40
24	435	2.3	5.3	13.4	16.89
25	495	1	4.3	14.4	18.31
26	555	1.6	2.7	16	19.68
Total:				119.5	

Taxa média de infiltração = 4,59 cm/h.

O gráfico 4.1 mostra a taxa média de infiltração em terras cultivadas. O eixo x mostra o tempo de infiltração. A profundidade de infiltração, a infiltração acumulada e a infiltração prevista são apresentadas no eixo y. A partir do gráfico acima, o valor do coeficiente de Regração (R^2) =0,921, pelo que a equação linear é adequada para estes dados. A linha vermelha indica a profundidade da infiltração, a linha roxa indica a infiltração acumulada e a linha azul indica a infiltração prevista.

O coeficiente de determinação R é a proporção da variabilidade no conjunto de dados que é registada por um modelo estatístico. R^2 é o rácio de variabilidade dos valores modelados da variável em relação ao valor original dos dados.

$R^2=1-\frac{SSE}{SST}$

No gráfico acima, y=0,737x-3,542 e o coeficiente de Regração (R2)=0,921

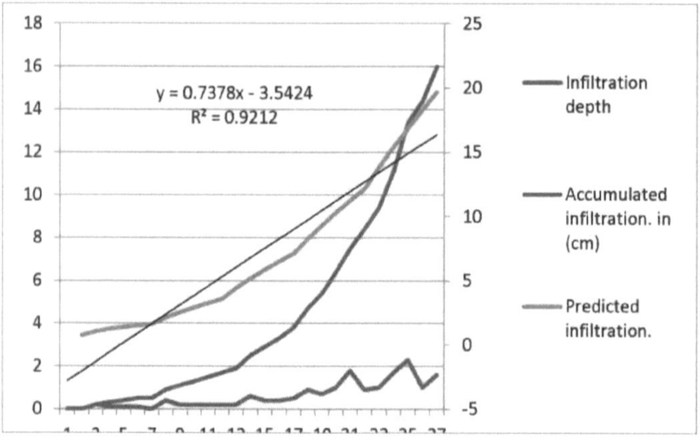

Fig. 4.1 - Gráficos da infiltração acumulada e da taxa média de infiltração em função do tempo do

terras cultivadas.

4.2 Infiltração sob cobertura de terra descascada.

Foi medida a profundidade de infiltração no intervalo de tempo selecionado. A taxa de infiltração foi calculada utilizando a profundidade de infiltração real e o período de tempo. Os resultados obtidos são apresentados no Apêndice-E. A taxa de infiltração média e acumulada é apresentada na Tabela 4.2.

Tabela 4.2- Observação medida em terreno descascado.

Sr.No.	Time (min)	Infiltration depth cm.	Average rate infiltration cm/hr.	Accumulated infiltration cm.	Predicted infiltration
1	0	0	18	0	0.5
2	1	0.1	17.9	0.1	1.12
3	2	0.1	17.8	0.2	1.30
4	3	0.1	17.7	0.3	1.44
5	4	0.1	17.6	0.4	1.54
6	5	0	17.6	0.4	1.64
7	10	0.1	17.5	0.5	1.98
8	15	0.1	17.4	0.6	2.23
9	20	0.1	17.3	0.7	2.43
10	25	0.1	17.2	0.8	2.60
11	30	0.1	17.1	0.9	2.75
12	45	0.3	16.8	1.2	3.13
13	60	0.3	16.5	1.5	3.43
14	75	0.2	16.3	1.7	3.69
15	90	0.2	16.1	1.9	3.92
16	105	0.2	15.9	2.1	4.13
17	135	0.4	15.5	2.5	4.49
18	165	0.4	15.1	2.9	4.81
19	195	0.3	14.8	3.2	5.9
20	225	0.3	14.5	3.5	5.35
21	255	0.5	14.0	3.4	5.59
22	315	0.7	13.3	4.7	6.1
23	375	0.7	12.6	5.4	6.39
24	435	0.6	12.0	6	6.73
25	495	0.6	11.4	6.6	7.5
26	555	0.6	10.8	7.2	7.34
Total:				58.7	

Taxa de infiltração média = 2,25 cm/h.

O gráfico 4.2 mostra a taxa média de infiltração no terreno de barad. O eixo x mostra o tempo de infiltração. A profundidade de infiltração, a infiltração acumulada e a infiltração prevista são apresentadas no eixo y. A partir do gráfico acima, o valor do coeficiente de Regração (R^2) =0,982, pelo que a equação linear é adequada para estes dados. A linha vermelha indica a profundidade da infiltração, a linha roxa indica a infiltração acumulada e a linha azul indica a infiltração prevista.

O coeficiente de determinação R é a proporção da variabilidade no conjunto de dados que é registada por um modelo estatístico. R^2 é o rácio de variabilidade dos valores modelados da variável em relação ao valor original dos dados.

$R^2=1-\frac{SSE}{SST}$

No gráfico acima, y=0,270x-0,150 e o coeficiente de Regração ($R2$)=0,982

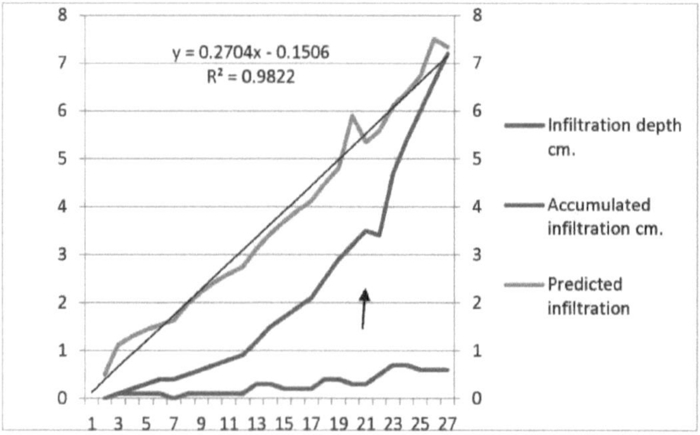

Fig 4.2 - Gráficos da infiltração acumulada e da taxa de infiltração média em função do tempo do terreno barrado.

4.3 Infiltração sob a cobertura vegetal do pomar.

Foi medida a profundidade de infiltração no intervalo de tempo selecionado. A taxa de infiltração foi calculada utilizando a profundidade de infiltração real e o período de tempo. Os resultados obtidos são apresentados no Anexo-E. A taxa média de infiltração e o acumulado são dados na Tabela 4.3 **Tabela 4.3- Observação medida no terreno do pomar.**

Sr.No.	Time (min)	Infiltration depth cm.	Average rate infiltration cm/hr.	Accumulated infiltration cm.	Predicted infiltration
1	0	0	17.5	0	0.66
2	1	0.1	17.4	0.1	1.15
3	2	0.1	17.3	0.2	1.45
4	3	0.2	17.1	0.4	1.71
5	4	0.2	16.9	0.6	1.94
6	5	0.2	16.7	0.8	2.16
7	10	0.7	16	1.5	3.09
8	15	0.4	15.6	1.9	3.89
9	20	0.6	15.0	2.5	4.61
10	25	0.2	14.8	2.7	5.28
11	30	0.1	14.7	2.8	5.91
12	45	0.7	14	3.5	7.63
13	60	0.7	13.3	4.2	9.18
14	75	0.5	12.8	4.7	10.62
15	90	0.7	12.1	5.4	11.97
16	105	0.4	11.7	5.8	13.26
17	135	0.9	10.8	6.7	15.68
18	165	1.0	9.8	7.7	17.95
19	195	0.8	9	8.5	20.09
20	225	1.0	8	9.5	22.14
21	255	0.8	7.2	10.3	24.11
22	315	1.6	5.6	11.9	27.84
23	375	1.4	4.2	13.3	31.37
24	435	0.7	3.5	14	34.73
25	495	0.0	3.5	14	37.95
26	555	0.0	3.5	14	41.06
Total:				146.6	

Taxa média de infiltração = 5,63 cm/h.

O gráfico 4.3 mostra a taxa média de infiltração no terreno do pomar. O eixo x mostra o tempo de infiltração. A profundidade de infiltração, a infiltração acumulada e a infiltração prevista são mostradas no eixo y. A partir do gráfico acima, o valor do coeficiente de Regração (R^2) =0,906, pelo que a equação linear é adequada para estes dados. A linha vermelha indica a profundidade da infiltração, a linha roxa indica a infiltração acumulada e a linha azul indica a infiltração prevista.

O coeficiente de determinação R é a proporção da variabilidade no conjunto de dados que é registada por um modelo estatístico. R^2 é o rácio de variabilidade dos valores modelados da variável em relação ao valor original dos dados.

$$R^2=1-\frac{SSE}{SST}$$

No gráfico acima, y=1,558x-8,849 e o coeficiente de Regração (R2)=0,906

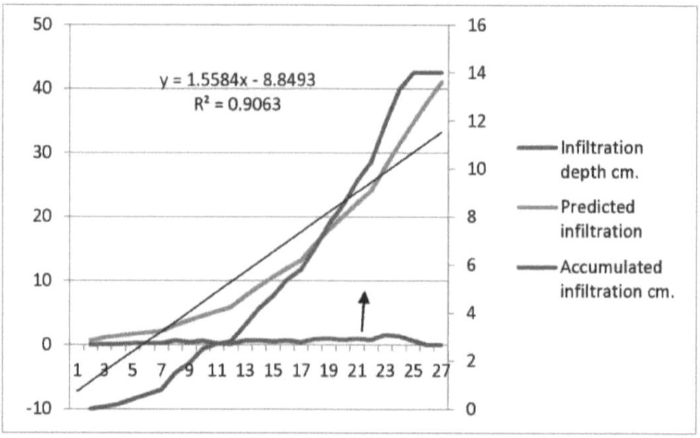

Fig 4.3 - Gráficos da infiltração acumulada e da taxa de infiltração média em função do tempo do terreno do pomar.

4.4 Infiltração sob cobertura de solo arenoso.

Foi medida a profundidade de infiltração no intervalo de tempo selecionado. A taxa de infiltração foi calculada utilizando a profundidade de infiltração real e o período de tempo. Os resultados obtidos são apresentados no Apêndice-E. A taxa de infiltração média e acumulada é apresentada na Tabela 4.4.

Tabela 4.4- Observação medida em terreno arenoso.

Sr.No.	Time (min)	Infiltration depth cm.	Average rate infiltration cm/hr.	Accumulated infiltration cm.	Predicted infiltration
1	0	0	22	0	70.93
2	1	4	18	4	116.24
3	2	3	15	7	131.02
4	3	2.5	12.5	9.5	141.79
5	4	2.5	10	12	150.599
6	5	2.2	7.8	14.2	158.16
7	10	12.9	9.1	27.1	186.60
8	15	14.4	7.6	41..5	207.35
9	20	14	8	55.5	224.29
10	25	14.2	7.8	69.7	238.87
11	30	15	7	84.7	251.81
12	45	6	16	90.7	284.26
13	60	7	15	97.7	310.76
14	75	7.2	14.8	104.9	333.56
15	90	7.4	14.6	112.3	353.79
16	105	7	15	119.3	372.11
17	135	0	22	119.3	404.54
18	165	1	21	120.3	432.93
19	195	3	19	123.3	458.40
20	225	5	17	128.3	481.63
21	255	7	15	135.3	503.10
22	315	8.6	35.4	143.9	541.91
23	375	10	34	153.9	576.55
24	435	10.8	33.2	164.7	608.03
25	495	12.5	31.5	177.2	637.03
26	555	15.8	28.2	193	664.01
Total:				2309.3	

Taxa de infiltração média = 88,81 cm/h.

O gráfico 4.4 mostra a taxa média de infiltração num terreno arenoso. O eixo x mostra o tempo de infiltração. A profundidade de infiltração, a infiltração acumulada e a infiltração prevista são apresentadas no eixo y. A partir do gráfico acima, o valor do coeficiente de regulação (R2) =0,985, pelo que a equação linear é adequada para estes dados.

A linha vermelha indica a profundidade da infiltração, a linha roxa indica a infiltração acumulada e a linha azul indica a infiltração prevista.

O coeficiente de determinação R é a proporção de variabilidade no conjunto de dados que é registada por um modelo estatístico. R2 é o rácio da variabilidade dos valores modelados da variável em relação ao valor original dos dados.

$$R^2=1-\frac{SSE}{SST}$$

No gráfico acima, y=23,03x6,007 e o coeficiente de Regração (R^2)=0,985

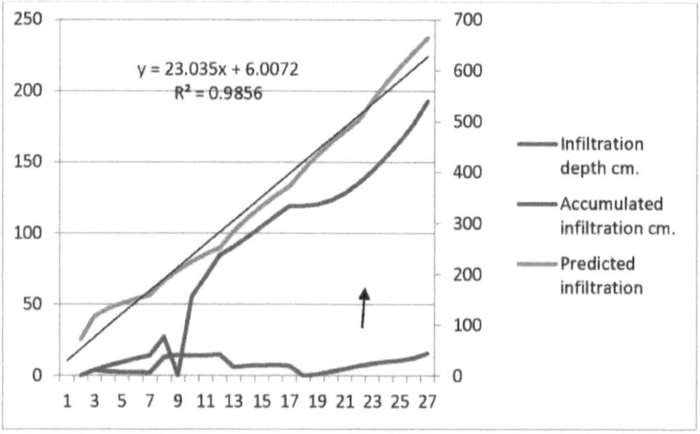

Fig 4.4 - Gráficos da infiltração acumulada e da taxa de infiltração média em função do tempo do terreno arenoso.

4.3 Determinação das propriedades do solo

As propriedades do solo, ou seja, o teor de humidade, a densidade aparente e a capacidade de campo, etc., foram determinadas por procedimentos normalizados. Os resultados obtidos são apresentados no Quadro 4.3. A partir da tabela 4.3, verifica-se que o teor médio de humidade para terra cultivada, terra barrada, terra de pomar e terra arenosa foi de 10,67%, 10,7%, 6% e 6,66%, respetivamente.

A densidade aparente do solo era de 1,7 gm/cc para terras cultivadas, 1,68 gm/cc para terras descascadas, 1,68gm/cc para terras de pomar e 1,72gm/cc para terras arenosas.

A capacidade de campo do solo para as terras cultivadas era de 10,67% e para as terras descascadas era de 10,7%,

para as terras de pomar foi de 6% e para as terras arenosas de 6,66%. Os resultados obtidos foram apresentados em

Quadro 4.3

Tabela 4.3 - Valores calculados das propriedades do solo

Sr . No.	Properties of soil											
	Moisture content %				Bulk density gm/cc				Field capacity %			
	Cultivated land	Bared land	Sandy land	Orchard land	Cultivated land	Bared land	Sandy land	Orchard land	Cultivated land	Bared land	Sandy land	Orchard land
1.	12	12	6	6	1.70	1.69	1.70	1.67	12	12	6	6
2.	12	10	6	6	1.69	1.68	1.72	1.68	12	10	6	6
3.	8	10	8	6	1.71	1.67	1.73	1.69	8	10	8	6
Avg .	10.67	10.7	6.66	6	1.70	1.68	1.72	1.68	10.67	10.7	6.66	6

CAPÍTULO 5

RESUMO E CONCLUSÕES

A experiência de campo foi realizada na forma de Krishi Vigyan Kendra, Jalgaon (Ja), perto da faculdade de Engenharia e Tecnologia Agrícola, Jalgaon (Ja). que é afiliada ao Dr. Panjabrao Deshmukh Krishi Vidyapeeth, Akola, (M.S.) para "Medição da infiltração em diferentes coberturas de terra".

A infiltração é um parâmetro importante no planeamento da irrigação. O estudo foi efectuado para medir a infiltração em diferentes coberturas de solo. A infiltração foi medida por um infiltrómetro de anel duplo em terrenos cultivados e em terrenos descascados. Foi traçado o gráfico dos valores medidos da infiltração e da taxa de infiltração.

A taxa de infiltração foi diminuindo durante a experiência, tendo diminuído rapidamente no início e aproximando-se de uma taxa de infiltração quase constante.

Os valores medidos de infiltração e os valores previstos de infiltração são praticamente iguais e as duas curvas coincidem uma com a outra.

Conclusão

1) A taxa média de infiltração para terras cultivadas foi de 4,59 cm/h, para terras descascadas foi de 2,25 cm/h, para terras de pomar foi de 5,63 cm/h e para terras arenosas foi de 88,81 cm/h.
2) O teor médio de humidade, a densidade aparente e a capacidade de campo foram de 10,67%, 1,7 gm/cc e 10,67%, respetivamente, para as terras

cultivadas.

O teor médio de humidade, a densidade aparente e a capacidade de campo foram de 10,7%, 1,68 gm/cc e 10,67%, respetivamente, para a terra descascada.

O teor médio de humidade, a densidade aparente e a capacidade de campo foram de 6%, 1,68 gm/cc e 6%, respetivamente, para as terras de pomar

O teor médio de humidade, a densidade aparente e a capacidade de campo foram de 6,66%, 1,72 gm/cc e 6,66%, respetivamente, para o terreno arenoso

BIBLIOGRAFIA

Aoda,M.J. and R. Nedwai (1988) A comparison of the goodness of fit for three theoretically derived infiltration equations Journal of Agriculture Engineering Research 41:173-180.

Baxla , A.K., R. Kumar e A. Wodood (2001) . Características de infiltração do solo em diferentes séries de solos da sub-bacia hidrográfica de JumarNala. Annals of arid Zone 40(1): 23-29.

Biswas T.D. e S.K. Mukharji (2004).Text book of soil science .Tata Mcgraw hill publishing compony:160-167.

Bora, P.K. e T.B.S. Rajput ,(2000). The spatial and temporal variability of infiltration parameter in furrow irrigation .Journal of Agricultural engineering .37:63-72.

Bower, C.A.L.R. Swarner, A.W. Marsh e F.M. Tileston, (1951).The improvement of alkali soil by treatment with manure and chemical amendments .Oregon Agricultural Experiment Station Technical Bulletin:22.

Christiansen, J.E. (1994). Efeito do ar aprisionado sobre a permeabilidade dos solos. Ciência do Solo.58: 355-365.

Gupta, S.C., e V.K. Kapoor (2006). Fundament of Mathematical statistics". 36(11): 10.3-10.4

Hanks, R.J e S.A Bowers (1962).A solução numérica da equação do fluxo de humidade para infiltração em solo estratificado. *Journal of soil science Society of American Proceedings.26:* 530-534.

Horton, R.E (1940) Approach towards a physical interpretation of infiltration capacity (Abordagem para uma interpretação física da capacidade de infiltração). *Journal of soil science Society of American Proceedings.5:* 399-417.

Jagdale e Nimbalkar (2012) - International Journal of Advanced Engineering Technology - Estudos de infiltração de diferentes solos em diferentes condições de solo e comparação de modelos de infiltração com dados de campo (E-ISSN 0976-3945)

John Diamond e Thomas Shanley, [4]. (2003), efectuaram uma avaliação da taxa de infiltração (variabilidade espacial e temporal) de alguns solos extensivos na Irlanda no Castle Research Centre, Wexford.

Keddy, K.S, R.M Singh, D.K. Singh e K.V.R. Rao (2003). Infiltração em sulcos sob irrigação de fluxo ascendente em vertisol.23: 17-25.

Lewis, M.R e E.H. Neal (1928).Taxa de infiltração de água no solo.Agricultural Engineering. 9: 147-148.

Michael, A.M. (1978). Movement of water into Soils. Irrigation Theory and Practice: 464-47

Mohan S. e Kumari S., [10]. (2005), apresentaram um estudo experimental sobre a estimativa da recarga utilizando modelos de infiltração

Nestor L. Sy, [12]. (2006), efectuou uma investigação para modelar o processo de infiltração com uma rede neural artificial perceptron de várias camadas nos Países Baixos.

Nielsen, D.R., B. Kirkham e W.R. Vanwijk (1961). Cálculo da equação de difusão de perfis de infiltração de água no solo. *Journal of soil science Society of American Proceedings.* 25 (3): 165-168.

Philip, J.R. (1957f). A teoria da infiltração: 5. A influência do teor de humidade inicial. Ciência do solo, 84: 329-339.

Reederm, J.W., D.L. Ercyberg, J.B Franzini e I. international ltd., Tata Mcgrow Hill Publishing Company, Nova Deli: 74-75.

Sharma D.C., Dubey O. P., e Chhabra S. S., [9]. (2004), trabalharam na determinação da taxa de infiltração na área de comando da barragem de Chitaurgarh (U.P.).

Singh R.V. e Bhakar S.R. [8]. (2004), relataram um estudo sobre a comparação de equações de infiltração para diferentes coberturas de solo.

Smith, R.E. (1990). Análise da irrigação através de um perfil de solo de duas camadas. Soil Science Society of American Journal, 54: 1219-1227.

Vardhan Ravi, Ying Ouyang e Joseph R. Williams, [1]. 1998 realizaram uma investigação sobre a Estimativa da Taxa de Infiltração na Zona Vadosa.

Y emuri, M.C. (1992). Modelação da infiltração vertical. Tese de Mestrado em Tecnologia. Tese, G.B.P.U.A.T., Pantnager.

Y amada, T. e M. Kobayashi (1988). Características cinemáticas das ondas e nova equação de compreensão da infiltração. *Journal of Hydrology,* Netherland, 102(1-4): 257-266.

Y oungs, E.G. (1987). Estimativa dos valores de condutividade hidráulica a partir de medições do infiltrómetro de anel. *Journal of Soil Science,* 38(4): 623-632.

APÊNDICE-A

Cálculo de amostras para determinação do teor de humidade.

Amostra 1

Observações

1. Massa do recipiente (M_i)gm = 38 gm
2. Massa do recipiente e da terra húmida (M2)gm = 88 gm
3. Massa do recipiente e da terra seca (M_3) gm = 82 gm
4. Massa de terra seca (M3 -M_i) gm = 50 gm
5. Massa de água (M_2-M_3)gm =6 gm

Fórmula

$$\text{Moisture Content} = \frac{(M_2 - M_3)}{(M_2 - M_1)} \times 100$$

$$= \frac{6}{(88 - 38)} \times 100$$

$$= 12\%$$

Amostra 2

Observações

1. Massa do contentor (M_i)gm = 39gm
2. Massa do recipiente e da terra húmida (M2)gm = 89 gm
3. Massa do recipiente e da terra seca (M_3) gm = 83 gm
4. Massa de terra seca (M3 - M_i)gm = 50gm
5. Massa de água (M_2-M_3)gm =6 gm

Fórmula

$$\text{Moisture Content} = \frac{M2 - M3}{(M_2 - M_1)} \times 100$$

$$= \frac{6}{(89 - 39)} \times 100$$

$$= 12\%$$

Amostra 3

Observações

1. Massa do recipiente (Mi)gm = 42gm
2. Massa do recipiente e da terra húmida (M2)gm = 92 gm
3. Massa do recipiente e da terra seca (Ms)gm =88 gm
4. Massa de terra seca (M3 - Mi) gm =50 gm
5. Massa de água (M2 -M3) gm= 4gm

Fórmula

$$\text{Moisture Content} = \frac{(M_2 - M_3)}{(M_2 - M_1)} \times 100$$

$$= \frac{4}{(92 - 42)} \times 100$$

$$= 8\%$$

APÊNDICE-B

Cálculo da amostra para a densidade aparente do solo.

Amostra

Observações

1) Massa de terra seca= 1700 gm
2) Volume do cortador de núcleo= 1000 cc

Fórmula

$$\text{Bulk density} = \frac{\text{Mass of dry soil}}{\text{Volume of core cutter}}$$

$$= \frac{1700}{1000}$$

$$= 1.7 \text{ gm/cc}$$

Amostra!

Observações

1) Massa de terra seca= 1695 gm
2) Volume do cortador de núcleo= 1000 cc

Fórmula

$$\text{Bulk density} = \frac{\text{Mass of dry soil}}{\text{Volume of core cutter}}$$

$$= \frac{1695}{1000}$$

$$= 1.695 \text{ gm/cc}$$

Amostra3

Observações

1) Massa de terra seca=1710gm

2) Volume do cortador de núcleo = 1000 cc

Fórmula

$$\text{Bulk density} = \frac{\text{Mass of dry soil}}{\text{Volume of core cutter}}$$

$$= \frac{1710}{1000}$$

$$= 1.71 \text{ gm/cc}$$

APÊNDICE-C

Exemplo de cálculo para a determinação da capacidade de campo.

Amostra

Observações

1) Massa do cadinho (Mi) =38 gm
2) Massa do cadinho e da terra húmida(M2) = 88gm
3) Massa do cadinho e do solo seco(M3) = 82gm

Fórmula

$$\text{Field capacity} = \frac{M_2 - M_3}{M_2 - M_1} \times 100$$

$$= \frac{88 - 82}{88 - 38} \times 100$$

$$= 12\%$$

Amostra!

Observações

1) Massa do cadinho (Mi) = 39 gm
2) Massa do cadinho e da terra húmida (M2) =89gm
3) Massa do cadinho e do solo seco(M3) =83gm

Fórmula

$$\text{Field capacity} = \frac{M_2 - M_3}{M_2 - M_1} \times 100$$

$$= \frac{89 - 83}{89 - 39} \times 100$$

$$= 12\%$$

Amostra3

Observações

1) Massa do cadinho (Mi) = 42 gm

2) Massa do cadinho e da terra húmida (M2) =92gm

3) Massa do cadinho e do solo seco(M3) =88gm

Fórmula

$$\text{Field capacity} = \frac{M_2 - M_3}{M_2 - M_1} \times 100$$

$$= \frac{92 - 88}{92 - 42} \times 100$$

Medição da taxa de infiltração no C.A.E.T. Campus Jalgaon(Ja.)

A. D. Pundalik e Snehal N. Dongardive

RESUMO

A experiência de campo foi realizada na quinta de Krishi Vighyan Kendra, perto da Faculdade de Engenharia e Tecnologia Agrícola de Jalgoan (Ja) para "Medição da infiltração em diferentes coberturas de solo".

A infiltração é um parâmetro importante no planeamento da irrigação. Foi efectuado um estudo para medir a infiltração em diferentes coberturas de solo. A infiltração foi medida com um infiltrómetro de anel duplo e foram desenvolvidas as equações de infiltração, tendo sido também determinadas as diferentes propriedades do solo em terrenos cultivados e em terrenos descascados.

Verificou-se que, para a cobertura de terra cultivada, a taxa média de infiltração foi de 7,5 cm/h e de 5,07 cm/h para a cobertura de terra descascada. O teor médio de humidade, a densidade aparente e a capacidade de campo foram de 14,87%, 1,78 gm/cc e 18,4%, respetivamente, para a cobertura de terra cultivada. Também o teor médio de humidade, a densidade aparente e a capacidade de campo foram de 12,79%, 1,61 gm/cc e 8,47%, respetivamente, para a cobertura de terra descascada.

1, 2, Professor Assistente,, C.A.E.T. Jalgaon (Ja.)

MIX
Papier aus verantwortungsvollen Quellen
Paper from responsible sources
FSC® C105338

Printed by Books on Demand GmbH, Norderstedt / Germany